靜思語 第三集

释证严 著

图书在版编目(CIP)数据

静思语第三集/释证严著.—上海:复旦大学出版社.2010.1(2021.5重印)
(证严上人著作·静思法脉丛书)
ISBN 978-7-309-06912-9

Ⅰ.静… Ⅱ.释… Ⅲ.人生哲学-通俗读物 Ⅳ.B821-49

中国版本图书馆CIP数据核字(2009)第177213号

慈济全球信息网:http://www.tzuchi.org.tw/
静思书轩网址:http://www.jingsi.com.tw/
苏州静思书轩:http://www.jingsi.js.cn/

静思语第三集
释证严 著
责任编辑/邵 丹

复旦大学出版社有限公司出版发行
上海市国权路579号 邮编:200433
网址:fupnet@fudanpress.com http://www.fudanpress.com
门市零售:86-21-65102580 团体订购:86-21-65104505
出版部电话:86-21-65642845
上海崇明裕安印刷厂

开本890×1240 1/32 印张7.125 字数115千
2021年5月第1版第8次印刷
印数64 501—68 600

ISBN 978-7-309-06912-9/B·332
定价:26.00元

编者言

释德傅

今慈济已迈入四十三年，证严上人以“静思勤行道，慈济人间路”立宗门，数百万会众投入慈济场域，将“佛法生活化，菩萨人间化”的理念，以内修“诚正信实”，外行“慈悲喜舍”身体力行实践于生活中，不但影响家庭，也在社会上形成善的循环。

慈济人如何修身、修心？上人如何教导弟子？何以在急难处能迅速动员，发挥如千手观音般的肤慰与爱的力量？

上人的思想实是慈济人拳拳服膺的根源，其平实浅白的话语，不但融会佛法，更是上人体现佛法的珠玑，同时也指引诸多深陷迷途或烦恼的人，开启生命美善与希望的门窗。

自一九八九年《静思语》第一集出版迄今已二十

年，期间发行了英文版、日文版、德文版、印尼文版等，不但跨越宗教的藩篱，也让不同的种族从中与生命对话，启发爱心与善念。在教育方面，引用为教材，培育学童端严心性与品格，其成果深获教育界的肯定。

第三集《静思语》在第二集出版十八年后问世，其中含有大家已耳熟能详的“静思语”未于第一、二集出版的，都收录于本书中，未来也将会循此编辑方向与原则陆续出版。

在此，我们特别向精心汇编第一集《静思语》的已故主编高信疆先生，致最深的感恩与缅怀；他曾于第一集《编辑缘起》一文中写道：“期待它的印行，不仅可作为慈济人的觉行指南，也可提供有缘的社会朋友，一部挚切可行的生活辞典。深盼能让更多人分享法师的智慧、慈悲和容忍，也分享那成就了无数慈济志业的巨大力量。”这正是《静思语》辑录者的共同心愿。

此书的发行，在读好书之余，期能将此中智慧法语在人人生命中转为醍醐，慧命因利他而增长。

西元二〇〇九年于静思精舍

目录

编者言 …… 1

第一篇 **爱与奉献**——谈人生 1

第二篇 **人情练达**——谈世事 19

第三篇 **和平美善**——谈大爱 35

第四篇 **永恒瑰宝**——谈行善 47

第五篇 **善顺不逆**——谈行孝 61

第六篇 **镌琢足印**——谈实践 67

第七篇 **圆融无碍**——谈福慧 83

第八篇 **自觉觉他**——谈学佛 97

第九篇 **归向真如**——谈心性 109

第十篇 **德备品端**——谈人格 125

第十一篇 **涤心净澄**——谈清净 139

第十二篇 **守志循轨**——谈行止 147

第十三篇 **红尘自在**——谈处世 159

第十四篇 **法水入心**——谈修行 175

第十五篇 **会理利他**——谈助人 185

第十六篇 **一线之隔**——谈善恶 195

第十七篇 **疼惜大地**——谈环保 205

第十八篇 **清淡平实**——谈生活 215

【第一篇】

爱与奉献

——谈人生

人生只有使用权，没有所有权。

（一九九四年五月廿九日全省委员联谊会）

要活得健康，重要的是心理健康，人生才会幸福。

（一九九四年十二月廿五日晨语）

幸福不是财富多、权大、位高，而是自在、快乐、平安。

（一九九六年三月十九日中区会员）

为人群服务，是“人生”；为生活服务，是“众生”。

（一九九六年六月十三日慈济护专毕业生寻根之旅）

人生的责任，是要做利益人群的事。

（一九九六年十二月一日慈院同仁静思体验营）

人生最大的惩罚是后悔。

（一九九六年十二月廿九日全省委员联谊会）

要看清人生的道理——以布施心转悭贪，以慈悲心转瞋恚，以智慧心转愚痴。

（一九九七年一月廿一日培训委员岁末联欢）

真理就是人生可行之路。

（一九九七年五月廿八日晨语）

常怀感恩心而不埋怨，人生道路才能畅通无碍。

（一九九七年八月一日志工早会）

有所求的人生，就有痛苦与烦恼。

（一九九七年十二月十四日环保志工寻根）

觉悟的人生，知道如何付出与造福。

（一九九七年十二月十四日环保志工寻根）

生命无价，会用才有价值，不会用则是白白浪费。

（一九九七年十二月廿二日药师法会）

今天只有一次，应好好把握做该做的事。

（一九九八年十一月十六日志工早会）

心若能融会贯通道理，人生的方向就不会走错。

（一九九八年十一月八日全省委员联谊会）

做对人生有意义的事，才是生命真正的价值。

（一九九八年十一月八日全省委员联谊会）

没有吃过苦的人生，就无法真正探讨道理，也无法充分发挥良能。

（一九九八年十二月十七日志工早会）

人生最有价值的，是健康的身体；比健康更有价值的，是正确的人生方向。

（一九九九年七月四日全省委员联谊会）

拥有正确的人生观，才能拥有幸福的人生。

（一九九九年七月四日全省委员联谊会）

生命的价值，在于能为人间负责任。

（一九九九年十二月七日北区岁末祝福）

人生要懂事、懂理；懂得做人、懂得付出。

（二〇〇〇年二月廿三日志工早会）

人生难免遭遇挫折，要经得起考验，才能保住慧命，突破难关。

（二〇〇〇年十一月十七日志工早会）

人生最宝贵的是生命，最痛苦的是病痛，所以拔苦从拔除病苦开始。

（二〇〇〇年十二月廿六日志工早会）

有爱的人生才幸福。

（二〇〇〇年十二月三十日北区岁末祝福）

没有使命的人生，是没有价值的生命。

（二〇〇一年二月十五日教师寻根）

有爱心与奉献，就是美丽的人生。

（二〇〇一年三月十二日志工早会）

计较少一点，付出多一些，就是可爱的人生。

（二〇〇一年四月十四日慈院医师座谈）

安心睡、快乐吃、欢喜笑、健康做，是人生四宝。

（二〇〇二年四月廿二日志工早会）

老来有“三好”：经验丰富好、健康长寿好、走入社会当志工更好。

（二〇〇二年十月十四日志工早会）

人生无法掌握生命的长度，却能自我拓宽生命宽度与厚度。

（二〇〇三年二月廿三日志工早会）

虽然人生充满苦难与悲痛，但是也充满希望与爱。

（二〇〇三年三月十日与同仁谈话）

将人生的挫折视为教育，不畏艰难、愈挫愈勇，即是生命的勇士。

（二〇〇三年十二月十四日志工早会）

和谐的人生最美，安定的社会最幸福。

（二〇〇四年三月廿一日志工早会）

追求真善美，才能美化人生。

（二〇〇四年九月十八日与主管谈话）

简单，可以净化人生；复杂，会丑化人生。

（二〇〇四年十月二日志工早会）

苦难是一堂宝贵的人生课程。

（二〇〇五年一月廿二日志工早会）

以宽广的欢喜心，接受过去所写的人生剧本。

（二〇〇五年八月十六日台中分会）

人生富足之道，不在于物质，而在于自心。

（二〇〇六年一月八日志工早会）

谈生死，应了解如何去除烦恼。

（二〇〇六年一月廿七日美国董事会）

从生到死的这段时日，重要的是立德与立行。

（二〇〇六年四月五日志工早会）

人生没有回头的机会，遇逆境应勇敢面对。

（二〇〇六年五月廿八日草屯联络处）

爱惜生命并非计较寿命长短，而是应时时提高警觉，把握分秒利益人间。

（二〇〇六年十月十七日晨语）

能知理、惜理、守礼，就是光明磊落的人生。

（二〇〇六年十一月十五日志工早会）

一秒钟一辈子，能恒持一念心，就是一生的方向。

（二〇〇六年十二月四日彰化感恩时刻）

人生是否有价值，不在于他人眼光，而在于善用生命良能。

（二〇〇七年十一月七日晨语）

少欲知足，是最富有的人生。

（二〇〇七年九月十六日海外干部研习营）

为生活而工作，人生不快乐；为工作而生活，才是人生的真价值。

（二〇〇八年二月廿三日志工早会）

人生困难重重，有心就不难。

（二〇〇九年二月三日志工早会）

无论人生长短，只要真实地付出善念，就是很美的生命乐章。

（二〇〇九年三月二日志工早会）

【第二篇】

人情练达

——谈世事

以事显理，以理行事。

（一九八四年八月十二日委员联谊会）

对人和睦才能欢喜、自在地过日子。

（一九九四年十二月一日晨语）

与时竞争、接受考验，才会成功。

（一九九五年一月廿八日晨语）

人事的艰难，不但是智慧的磨刀石，也能长养毅力与勇气。

（一九九五年二月廿五日与会众谈话）

善用世间财利益人群，获得轻安自在，才是真正属于自己。

（一九九六年二月十日委员受证）

省钱是美德，用钱用得有意义是功德。

（一九九六年三月廿三日慈诚会议）

人事逢逆境，当欢喜顺受，自有好因缘、好果报。

（一九九六年十二月七日晨语）

懂理的人，不一定懂事；懂事的人，一定懂理。

（一九九七年八月十五日志工早会）

生命需用在人、事、理会合的生活中。

（一九九七年十二月廿二日药师法会）

人人有事做，事事有人做，则愈做愈欢喜。

（一九九八年十二月二十三日北区干部座谈）

心合、齐力，力量就大。

（一九九八年十二月廿六日北区委员联谊）

以上课的精神，学习人生的真实。

（一九九九年六月廿四日志工早会）

用心就是专业。

（一九九九年六月廿七日慈诚精进佛二）

用志愿的精神从事专业工作，就会很愉快也很有价值。

（一九九九年十一月十八日本会同仁座谈）

有心做事的人，是“事因人做”，不是“因人做事”。

（一九九九年十一月廿一日全省志工干部研习营）

分秒必争，换一个工作方式就是休息。

（二〇〇〇年一月廿一日北区岁末祝福）

自我管理，就是每个人应对自己负责、管理好自己。

（二〇〇〇年二月廿一日外宾访谈）

对"工作认真"是正确的，对"是非认真"则是错误的。

（二〇〇〇年九月十二日人医会）

人生的苦恼，莫过于与自己、人事过不去。

（二〇〇〇年十一月十七日志工早会）

与人摩擦，应感恩对方愿意磨练自己，使我们的心灵光亮。

（二〇〇〇年十二月十三日与海外慈济人谈话）

以爱自我管理，用爱关怀他人。

（二〇〇一年八月五日晨语）

引导团队的良方，在“用智慧辅导，以爱心对待”。

（二〇〇二年二月一日与主管谈话）

勇于承担的人，会将压力转为使命，则力量源源不竭，能做得欢喜。

（二〇〇二年三月九日与同仁座谈）

理讲太多，情就薄；情感淡薄，事难成。

（二〇〇二年四月十三日与同仁座谈）

受人折磨，能注意不折磨他人，也是增添一分智慧。

（二〇〇二年五月十三日海外慈济人）

好话多说，是非不谈。

（二〇〇二年十二月六日高雄岁末祝福）

能合情、合事、合理，才是真理。

（二〇〇三年八月三十日台北委员慈诚联谊）

个人是非莫计较，大是大非应明辨。

（二〇〇三年九月一日中坜联络处）

心无杂念、凡事乐观、踏实做事，就会有智慧。

（二〇〇四年五月三十日北区委员慈诚精进）

待人处事，在原则中有方便，在方正中有圆融，才能和谐。

（二〇〇四年六月廿五日与教育同仁座谈）

未经人事磨练，磨不出柔软心。

（二〇〇五年四月十二日与会众谈话）

面对困难，当下尽心、尽力、尽人事就对了。

（二〇〇五年四月廿四日与慈院医师座谈）

对人虔诚，要尊重；对事虔诚，要感恩。

（二〇〇五年六月十九日屏东分会）

若能知苦，才能得乐。

（二〇〇六年一月廿八日晨语）

简单就是美。

（二〇〇六年二月十五日晨语）

单纯就是爱的力量。

（二〇〇六年六月二十日志工早会）

父母是孩子的"模",老师是学生的"样";以好模样,培育孩子正确的人生观。

(二〇〇七年七月十四日教联会营队)

能指引正路,是良师;能同行正道,是益友。

(二〇〇八年二月二日晨语)

时时虔诚,无不吉祥;日日好心,无不平安。

(二〇〇八年八月十四日志工早会)

遇事，若能平心面对，很快就会度过。

（二〇〇九年二月十六日北区委员慈诚座谈）

【第三篇】

和平美善

——谈大爱

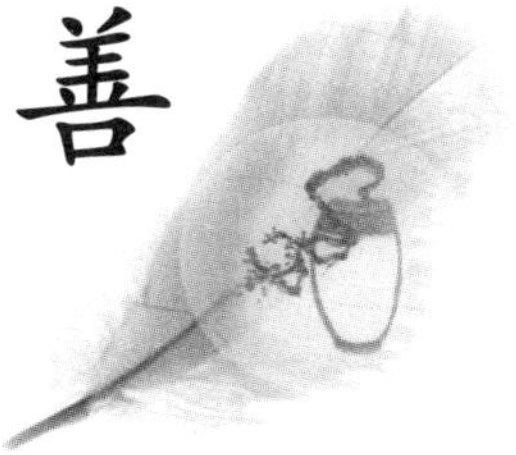

爱心的力量，比什么都有用。

（一九八九年十二月外宾访谈）

爱心是照顾好自心——对内，不起烦恼；对外，不破坏形象。

（一九九七年十二月廿七日海外慈济人寻根之旅）

社会需要爱，人人需要爱；爱是人生最大的幸福。

（一九九八年八月九日全省委员联谊会）

心有满满的爱，能化解仇恨与敌对。

（一九九八年十月十一日全省委员联谊会）

爱的力量，可以抚平心灵的不安，让社会安定祥和，消除一切的灾难。

（一九九九年一月十日全省委员联谊会）

为大爱付出的愿，不会有失落感。

（一九九九年七月十五日外宾访谈）

人生最丑陋的是私爱与仇恨；最美的是大爱与温情。

（一九九九年九月廿三日志工早会）

人生有爱，同心同力就不孤单。

（一九九九年十一月十一日志工早会）

心中有爱，也要“行”中有爱。

（二〇〇〇年十一月十六日志工早会）

超越迷情小爱，才能爱得一方心无挂碍，一方解脱自在。

（二〇〇一年三月十八日与会众谈话）

大爱包含小爱，小爱却无法体会大爱。

（二〇〇二年三月九日北区委员联谊会）

小爱充满烦恼，大爱轻安自在。

（二〇〇二年九月十六日台东委员慈诚联谊）

有爱，就没有距离；用爱调和，能消除社会乱象。

（二〇〇二年九月廿三日志工早会）

爱心最美，爱心的记忆最深。

（二〇〇三年一月十七日慈济中小学岁末祝福）

人生的最后，奉献躯体作医学教育，是生命的勇者。

（二〇〇三年三月十六日大体老师追思会）

有智慧，能发挥勇猛的大爱。

（二〇〇三年五月十七日志工早会）

有求有私，会受环境控制；无求无私，才能勇敢坚定。

（二〇〇三年十月四日全省合心组精进）

宽恕由爱而起，是人间最动人的篇章。

（二〇〇三年十月十一日志工早会）

济贫要用爱心，教富要用耐心。

（二〇〇四年二月十三日志工早会）

真诚的爱，是天下和平、亮丽的力量。

（二〇〇四年八月廿九日文化交流团）

有爱心，就能成为他人生命中的贵人。

（二〇〇四年十月三日志工早会）

将放生的心态转为护生，才是真正的尊重生命。

（二〇〇四年十二月七日志工早会）

人间何处非家人，天下无处不道场。

（二〇〇五年二月十日志工早会）

天下一家亲，平安时要互爱，灾难来临时要互助。

（二〇〇五年九月十二日志工早会）

只要有爱心，地狱也可以改造成天堂。

（二〇〇五年十二月四日海外委员慈诚培训研习）

人医，是守护生命的磐石；人师，是守护慧命的磐石。

（二〇〇六年六月十六日志工早会）

付出的爱有多宽，得到的爱就有多广。

（二〇〇七年二月廿五日实习医师受袍）

爱是致富的妙方。

（二○○七年九月二日志工早会）

大爱无贵贱，众生皆平等，不分他你我，心善即气和。

（二○○七年十二月廿九日晨语）

大爱人间除苦难，慈悲济世得欢喜。

（二○○八年五月廿八日晨语）

真正的欢喜，不在于拥有多少，而是有爱。

（二〇〇九年一月十五日志工早会）

【第四篇】

永恒瑰宝——谈行善

人人发挥心中的爱，能凝聚善的福业，形成善的循环。

（一九九六年三月十日全省环保志工研讨会）

每个人都有一念善心，只要被启发，爱心就能被点燃。

（一九九八年四月十二日全省委员联谊会）

鼓励善行，在于唤起人人清净的爱心。

（一九九八年四月廿九日外宾访谈）

关心别人就是关心自己，救助别人就是救助自己。

（一九九八年十月十一日全省委员联谊会）

烦恼起于名利竞争，快乐来自及时行善。

（一九九八年十一月十七日北区慈济人联谊）

为善如汲井水，即使汲取再多，仍会不绝地涌出，怕的是不掘井。

（一九九九年三月七日全省委员联谊会）

一心做好事，自然就有福。

（一九九九年八月一日全省委员联谊会）

幸与不幸一念间，能付出是幸福，希望被帮助是辛苦。

（一九九九年九月一日志工早会）

无论路途坎坷或平坦，都应感恩铺路的人。

（一九九九年十二月廿八日志工早会）

布施，有形的救济别人，无形的帮助自己。

（二〇〇〇年一月十六日中区岁末祝福）

健康的人，要照顾不健康的人；平安的人，要照顾有灾难的人。

（二〇〇〇年十一月十一日荣董联谊会）

行善是本分、付出无所求，不执著“善有善报”，自然轻安自在。

（二〇〇一年二月三日外宾访谈）

爱与感恩是善的循环。

（二○○一年三月十八日志工早会）

用心凝聚爱的力量，创造爱的循环。

（二○○一年十一月二日委员慈诚精进佛三）

多做一件善事，就放下一项烦恼。

（二○○二年九月一日静思生活营）

爱心一启发，行善有信心。

（二〇〇二年十一月五日志工早会）

行一分善，得一分福，就减一分灾难。

（二〇〇三年十二月廿八日北区授证暨岁末祝福）

人间处处有温情，菩萨无处不现身。

（二〇〇四年七月十八日志工早会）

乐于付出，心灵富足。

（二〇〇四年十一月十九日志工早会）

心善造福是福气。

（二〇〇五年十月十三日丰原联络处）

发心、用心、集人人爱心；借力、用力、集人人大力。

（二〇〇五年七月廿八日志工早会）

善需大家做，力量才会强；福需大家造，福气才会大。

（二〇〇五年十月十六日与印尼慈济人谈话）

心中有爱才有福，有付出才有所得。

（二〇〇五年十月廿六日药师法会）

生一念好心，则结一分好缘；说一句好话，则多一分欢喜。

（二〇〇六年二月八日晨语）

启发良知，才能发挥良能。

（二〇〇六年十二月廿九日高雄岁末祝福）

付出有所求，求不得，苦不堪言；若求得，欢喜也短暂。

（二〇〇七年二月廿八日志工早会）

为善要有自信，才能发挥不畏惧的坚定力量。

（二〇〇七年三月二日晨语）

发好心，就有正确的方向；立好愿，就有付出的力量。

（二〇〇七年十二月卅一日宜兰岁末祝福）

贫穷是一时，能启发出爱心，才是永恒的富有。

（二〇〇八年一月廿九日志工早会）

心中有爱，就是富有人生；福缘共聚，就是美善人间。

（二〇〇八年三月二日志工早会）

好人多，福气与善的力量就大。

（二〇〇八年六月廿三日海外慈济干训营）

人人起一念善，造一分福，可以汇聚为福气，消弭灾殃。

（二〇〇八年七月一日屏东慈济人）

一人一善，点滴付出，可以让人人心地滋润到爱的甘露。

（二〇〇八年十月十四日志工早会）

有志一同的人时时彼此鞭策、勉励，才能照顾好自己一念善心。

（二〇〇九年五月廿一日志工早会）

【第五篇】

善顺不逆

——谈行孝

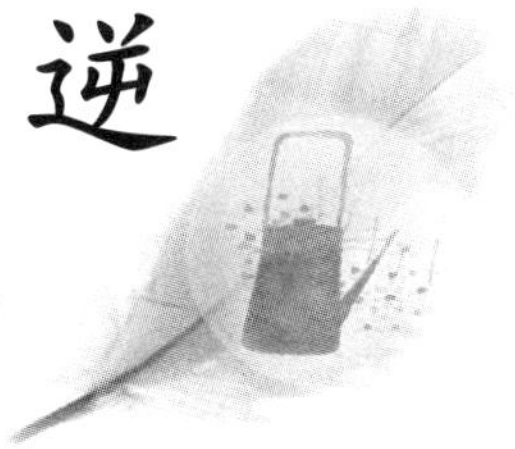

行善、行孝，不能等。

（一九九三年三月廿七日幸福人生讲座）

大孝之心，即是大爱之心。

（一九九四年八月十七日晨语）

爱惜、培育子女是责任；孝顺、供养父母是本分。

（一九九六年六月五日志工早会）

报答父母恩，莫过于发挥良能，为人群付出，即是大孝。

（一九九七年一月廿一日高雄委员受证）

家庭的幸福，从“孝”开始。

（二〇〇〇年十二月廿八日北区岁末祝福）

以善以爱传家，是无上至宝。

（二〇〇〇年十二月三十日北区岁末祝福）

家庭是永久的学校，父母是终生的老师。

（二〇〇二年七月廿三日教师联谊会）

孝敬父母，不仅物质奉养，还要服从、尊重，才是既“孝”且“顺”。

（二〇〇四年七月廿二日静思语教学研习营）

孝道走得通，善道才能毫厘不差。

（二〇〇五年八月一日志工早会）

真正的孝顺，是立身而行道。

（二〇〇六年八月四日志工早会）

让父母欢喜、安心，就是孝顺。

（二〇〇七年四月五日志工早会）

【第六篇】

镌琢足印

——谈实践

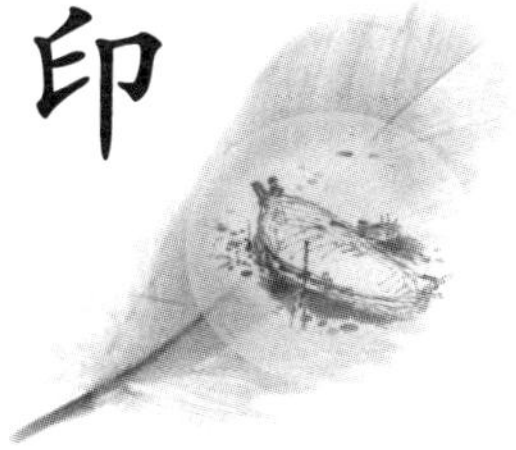

空过一天，不如实用一秒。

（一九八八年十月二日晨语）

事不做，才困难；路不走，才遥远。

（一九九二年一月廿六日委员受证）

多做多得，少做多失。

（一九九二年五月十六日志工早会）

能精进向前走，努力做，就不迟。

（一九九四年十一月二十日全省委员联谊会）

感恩过去，展望未来，把握现在。

（一九九五年一月廿三日晨语）

福，不是用求的，是用做的。

（一九九五年九月十七日全省委员联谊会）

人生要恒持当下这一刻，不要空谈、妄想。

（一九九七年二月三日薪传营）

把握当下，恒持刹那。

（一九九六年十二月十四日北区委员）

虔诚地为人群服务，不要“加减做”，加加减减就不会进步。

（一九九七年一月十五日北区岁末祝福）

该做的事，要有毅力与勇气，坚持到底不畏艰难。

（一九九七年一月十七日委员受证暨岁末祝福）

感恩要表于行动。

（一九九七年六月十日北区委员）

把握当下做得欢喜、心安，就能得到道理。

（一九九八年三月十九日志工早会）

心正、路正，走下去就不会偏差。

（一九九八年八月八日慈诚精进佛二）

要将困难当助力，不要当阻力。

（一九九八年八月廿四日慈济人文营）

不要怕压力，只要自问做得对与否。

（一九九八年十二月廿九日海外慈青座谈）

道理不在于听得多，而是能实践。

（一九九九年四月四日全省委员联谊会）

只有感动还不够，一定要行动才能深刻体悟。

（一九九九年五月十一日海外慈济人）

有多少时间，就要走多少路、做多少事。

（一九九九年十月廿四日志工早会）

有毅力、勇敢，坎坷的道路也能走到平坦。

（一九九九年十月二十日志工早会）

做，才有心得；付出，才有力量。

（一九九九年十一月廿七日中区慈诚联谊）

法不在深，而在能行。

（一九九九年十二月十日台北同仁座谈）

双足能行万里路，双手能做天下事。

（二〇〇〇年二月廿七日全省精进组研习）

步步都要用心当下，若走一步、看一丈，脚步容易踏空。

（二〇〇〇年十一月十八日高雄委员精进研习会）

能清楚、笃定内心方向，就不会计较。

（二〇〇〇年十二月廿五日海外慈青研习营）

守住现在，就是守住未来。

（二〇〇一年四月廿九日静思生活营）

该做的事，排除万难也要完成；不该做的事，无论任何困难，也要坚持立场。

（二〇〇〇年八月四日志工早会）

健健康康时，就做来"囥（积）"，不要做来"抵（消）"。

（二〇〇〇年十一月廿六日志工早会）

不做事、不动手就事事困难，只要有心动手做，沙漠也会成绿洲。

（二〇〇一年四月十三日志工早会）

既定的方向是对的，就要大步向前迈进，做就对了。

（二〇〇一年五月五日药师法会）

有辛苦的付出，才有美满的结果成就。

（二〇〇一年五月廿七日静思生活营座谈）

小事不做，大事难成。

（二〇〇二年七月十五日志工早会）

不简单的事能坚持，才是真本领；困难的事能突破，才是真耐心。

（二〇〇二年七月廿四日志工早会）

说做、想做，不如动手做。

（二〇〇三年八月廿七日教师合心共识营）

管理不是开口指挥他人，而是身体力行做好榜样。

（二〇〇三年十二月四日志工早会）

知道，是知而行道；能“行道”才是真“知道”。

（二〇〇五年八月廿九日志工早会）

想得通，才做得到；做得到，才能引导他人。

（二〇〇五年十一月廿八日晨语）

听不如行，说不如做。

（二〇〇六年七月廿二日泰国董事会）

亲身体验，见苦才能知福。

（二〇〇六年七月三十日志工早会）

历史是时间的累积，把握时间就能创造历史。

（二〇〇七年二月十四日海外慈济人会报）

道字下有分“寸”，才能“导”人向善就理。

（二〇〇七年七月八日志工早会）

慈悲不只用口说，而是要身体力行，走入人群付出。

（二〇〇八年十月一日志工早会）

生命的乐趣是亲身付出，发挥生命的价值。

（二〇〇八年十月三日海外寻根研习）

寻找生命的答案,在于身体力行的体悟。

(二〇〇九年四月一日志工早会)

【第七篇】

圆融无碍

——谈福慧

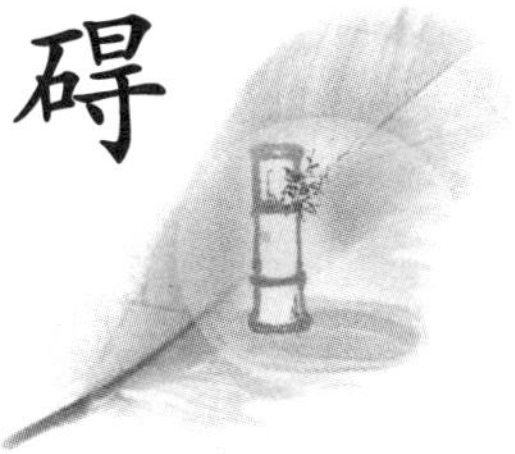

若不知人生是苦，智慧就无法开启。

（一九九五年四月四日台北组长座谈）

懂得惜福，就会造福；真正造福的人，才是真富有。

（一九九六年一月廿二日北区岁末祝福）

不执著，才能得智慧。

（一九九六年十二月四日志工早会）

有福，应知福、知足。

（一九九八年七月三日志工早会）

付出爱心予人群，对己就是造福业、得福果。

（一九九八年十二月六日全省委员联谊会）

人生苦，要苦得有价值，不离菩萨心，不离教化众生。

（一九九九年四月廿三日高雄委员慈诚联谊）

有爱心就有福气、毅力，才有智慧。

（一九九九年六月六日全省委员联谊会）

智慧与烦恼如天平——烦恼多一点，智慧就少一点；烦恼少一点，就增一分智慧。

（一九九九年八月廿八日慈诚精进佛二）

生命健康需要活动，慧命健康需靠精进。

（一九九九年十一月十六日志工早会）

人能造业，也能造福；造业是迷信，造福是正信。

（二〇〇〇年十一月十四日志工早会）

教富，是启发智慧；济贫，是造福人群。也就是福慧双修。

（二〇〇〇年十二月廿九日北区岁末祝福）

自爱是报恩，付出是感恩。

（二〇〇一年五月五日志工早会）

拥有，有“拥有”的烦恼；无，有“无”的解脱。

（二○○一年五月廿七日静思生活营）

烦恼不除，慧不生；不造福，则福不生。

（二○○二年二月廿五日与外宾座谈）

懂得惜缘的人，能与人结好缘；懂得惜福的人，能积极再造福。

（二○○二年三月廿三日晨语）

真正的福德，是以平常心守本分、勤付出。

（二〇〇二年四月五日晨语）

真正的“福”，是造福人间。

（二〇〇二年六月一日与会众谈话）

自求多福，就是身体力行多造福，才能多福气。

（二〇〇二年十月廿五日志工早会）

福从做中得欢喜，慧从善解得自在。

（二〇〇三年一月卅一日志工早会）

要周“修”，不要周“休”；要福慧双“修”，不要福慧双“休”。

（二〇〇三年三月五日彰化慈济人联谊）

从知福中培养感恩，从惜福中培养关怀，从造福中培养智慧。

（二〇〇四年十月十三日志工早会）

享福的同时，要撒下福的种子，方能生生不息。

（二〇〇五年三月十日志工早会）

没有受灾就是福，能投入做帮助人的人，就是“福中福”。

（二〇〇五年八月十一日屏东分会）

凡事要脚踏实地，用生命落实慧命。

（二〇〇五年十一月十四日与同仁谈话）

知识，只是晓了所学；智慧，则能理通无碍。

（二〇〇六年八月十日志工早会）

智慧让爱不变质、不染著。

（二〇〇六年九月五日志工早会）

智慧，是心宽念纯、海阔天空，用爱拥抱大地苍生。

（二〇〇七年一月八日台中岁末祝福）

善念时时生，慧命日日增。

（二〇〇七年五月卅一日周年静态展）

乐善好施得福报，知足善解得智慧。

（二〇〇八年二月一日晨语）

造福者，时时平安；修慧者，日日心宽。

（二〇〇八年二月十三日志工早会）

祝福别人，就是造福自己。

（二〇〇八年二月十九日志工早会）

以智慧行慈悲路，才不会差之毫厘，失之千里。

（二〇〇八年七月卅一日晨语）

有知识未必有智慧，有智慧的人能利益人群。

（二〇〇八年十一月十三日中区环保志工联谊）

要人祝福，不如自己付出造福，如此爱与福都有余。

（二〇〇九年二月三日同仁新春团拜）

【第八篇】

自觉觉他

——谈学佛

爱心不分远近，慈悲没有敌对和亲爱。

（一九九二年十一月十八日药师法会）

学佛不要怕磨，污染磨尽，佛性自然现前。

（一九九六年三月七日志工早会）

真正的法喜，是做了之后的欢喜。

（一九九六年九月十二日北区委员联谊会）

没有苦，就无法体悟乐的真谛，重要的是如何转苦为乐。

（一九九六年十一月九日大体捐赠关怀小组）

给人安定、幸福，是大慈心的作用；用心救拔、度化，是大悲心的发挥。

（一九九七年二月廿四日静思精舍）

慈悲心要如天地宽、日月明。

（一九九七年三月廿七日晨语）

佛法就是奉献无所求，轻安自在是学佛最高境界。

（一九九七年十二月七日北区慈诚培训）

慈悲要从内心启发，造福要用身体行动。

（一九九七年十月十九日晨语）

有慈悲心，就是佛心；有爱心、毅力，投入人群付出，是菩萨心也是菩萨行。

（一九九七年十二月六日人文志业同仁）

以为自己最好或不如人，都是内心的障碍；能去我执，才能轻安自在。

（一九九八年九月廿四日环保志工联谊会）

学佛，要学“明白道理、把握人生、身体力行”。

（一九九八年十一月八日全省委员联谊会）

以“慈悲”为原点，用“喜舍”为推动力向前进步。

（一九九九年四月廿四日高雄培训委员慈诚）

处顺境用“无常观”，处逆境用“因缘观”。

（一九九九年十月十四日关怀组委员座谈）

对每件事、每个人都感恩，就能化贪心为慈悲心。

（一九九九年十二月廿九日志工早会）

所谓“觉悟”，是懂得什么是人生，该做什么事。

（二〇〇〇年一月廿七日志工早会）

征服百岳山，不如征服无明关。

（二〇〇〇年五月三十日志工早会）

以佛法做人间事，在人间修佛法行。

（二〇〇一年五月十六日药师法会）

光明无染污的觉悟，都是要从凡夫地发心立愿修行而得。

（二〇〇一年七月廿二日晨语）

忏悔就是洗心，如清泉流过心田，洗净染污的心地。

（二〇〇一年十月一日志工早会）

持心端正，佛心生起，心魔自破。

（二〇〇一年十一月廿二日高雄委员慈诚）

开启心胸，才能发挥无量的慈悲，获致真正的智慧与功德。

（二〇〇二年九月八日中坜园区）

在生活中体认佛法，在人群中体会世间法。

（二〇〇二年九月廿七日北区培训委员研习）

做人间菩萨，必须先做好个人的修养。

（二〇〇三年八月廿九日志工早会）

“经”不只是口念，而是用双手做、双脚走，为世间疾苦付出。

（二〇〇三年九月廿三日志工早会）

爱人自爱、自爱爱人，就是佛心、菩萨心。

（二〇〇三年十二月三十日台中授证暨岁末祝福）

凡夫是“命运”随业转，觉悟的人则能“运命”。

（二〇〇五年七月九日志工早会）

祈求菩萨保佑，不如反求自心。

（二〇〇七年二月五日北区岁末祝福）

寸感恩心，步步觉有情；觉有情，就是无私的爱。

（二〇〇七年二月十七日志工早会）

心中有佛，行中有法，法中有禅。

（二〇〇七年八月十五日两岸慈中师生人文营）

以大慈悲心实践大爱，以大智慧力超越烦恼。

（二〇〇八年一月廿六日晨语）

无悔无怨，见证慈悲；无忧无求，体证喜舍。

（二〇〇九年三月十八日志工早会）

感恩是智慧，付出是慈悲。

（二〇〇九年四月十九日药师法会）

素食可培养耐力、慈悲与智慧。

（二〇〇九年四月廿八日志工早会）

【第九篇】

归向真如

——谈心性

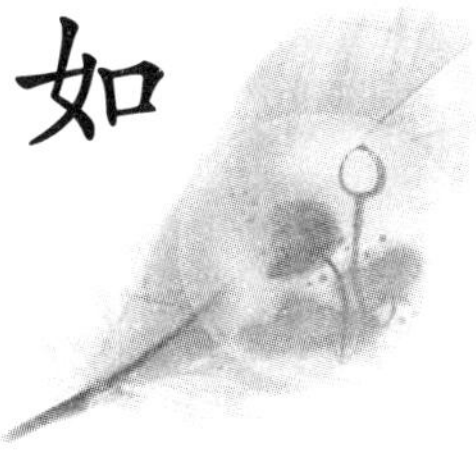

宽心、包容，是快乐的泉源。

（一九九四年四月十日北区医疗志工）

心若照顾得好，人生就快乐；反之，则苦难偏多。

（一九九六年五月廿五日晨语）

甘愿做，欢喜受。

（一九九五年一月廿二日全省委员联谊会）

生者心安，亡者才能灵安。

（一九九五年三月四日台北委员）

能用心，道理就在眼前；不用心，真理远在天边。

（一九九七年三月五日晨语）

心念难免起伏，要有毅力降伏，让心在轻安、清净的境界。

（一九九七年五月卅一日晨语）

乐观与悲观是一体，只要心念一转，也能将悲观转成乐观。

（一九九七年十二月九日外宾访谈）

不要让外境影响内心，要发挥毅力用心转境。

（一九九八年二月十五日晨语）

找路不如找心，问路不如问心。

（一九九八年八月廿二日南区委员慈诚共修）

用心，才能明心见性。

（一九九九年十月十二日北区委员慈诚）

身体可以累，心灵不要累；因为心灵是慧命的泉源。

（一九九九年十月廿四日志工早会）

身体有病不可怕，可怕的是心有病；物质缺乏不可怕，可怕的是心灵贫穷。

（二〇〇〇年一月五日志工早会）

屋宽不如心宽。

（二〇〇〇年一月七日台东岁末祝福）

天灾出自人祸，人祸源自人心。

（二〇〇〇年十一月十二日全省委员联谊会）

信心是生命的泉源。

（二〇〇一年十一月九日晨语）

心病需要心药医，最好的心药是专心、去除杂念。

（二〇〇一年十一月三十日晨语）

心欢喜，则乐观；心埋怨，则生憎恨。

（二〇〇二年三月一日志工早会）

心能知足，不会彼此怀疑；心存感恩，则能以爱相待。

（二〇〇二年五月十一日与海外慈济人谈话）

开朗、乐观，是预防心灵病毒的良方。

（二〇〇三年五月二日志工早会）

简单，才真正有福；单纯，才真正快乐。

（二〇〇四年三月十日志工早会）

心灵健康三要：乐观、善解、有爱。

（二〇〇四年四月廿一日志工早会）

不想“做不到”的事，不烦恼“不能做”的事。

（二〇〇四年六月二十日海外慈济干部）

无欲无求、少烦少恼，就容易开启心门拥有智慧。

（二〇〇四年八月五日协力组队精进）

境界来时要惜缘，去时要自在，让心不受烦恼所困。

（二〇〇四年八月五日中区委员慈诚）

预防心灵灾难，需要教育，培养出耐磨、抗压的健康心灵。

（二〇〇四年八月廿一日志工早会）

时时清除心中阴影，才能明朗人间事。

（二〇〇五年七月三日志工早会）

心生懊恼，会囤积烦恼；心甘情愿，则能欢喜付出。

（二〇〇五年七月十一日静思精舍）

扫除心灵阴霾，则能显现亮丽本性。

（二〇〇五年七月十二日志工早会）

对无缘的人，不起排斥、恼恨心；对有缘的人，不起贪著、执爱心。

（二〇〇五年十一月四日晨语）

放下执著，则和气无处不在。

（二〇〇六年六月一日与会众谈话）

有正念而无欲念，是最好的养生之道。

（二〇〇六年六月十八日海外培训委员）

所谓“难过”，并非时间漫长难度，而是心念卡住过不去。

（二〇〇六年六月七日海外慈济人谈话）

心灵的欲念，是引发人生最痛苦的因。

（二〇〇六年六月十八日培训慈济委员）

心宽就是善，念纯就是美。

（二〇〇六年六月廿四日志工早会）

身体残缺不可怕，可怕的是心灵残缺。

（二〇〇六年七月六日志工早会）

心灵环保，在于看得开、放得下。

（二〇〇七年四月廿二日志工早会）

心平，路就平；心宽，路就宽。

（二〇〇七年九月五日药师法会）

要做心地农夫，自我耕心田，也在人人心中耕福田。

（二〇〇八年一月四日北区岁末祝福）

只要自心有力量，就可以挑起使命，不怕外来的压力。

（二〇〇八年二月廿三日志工早会）

只要甘愿、乐观，人生没有过不去的苦。

（二〇〇八年九月六日志工早会）

原谅或怨恨，只是一念心；心念一转，能包容一切。

（二〇〇八年十月七日晨语）

内观自性是最美的风光。

（二〇〇九年四月廿五日志工早会）

【第十篇】

德备品端

——谈人格

人格升华，需有成人之美、包容之德。

（一九九一年十二月七日中区联谊会）

做人不要争“一口气”，而是要多“一点志”。

（一九九一年十二月七日中区联谊会）

理想必须坚持，道德勇气需以毅力向前行，不能停滞。

（一九九五年二月廿六日外宾访谈）

能升华人格的，不是威权，而是爱心的关怀。

（一九九六年一月廿七日高雄慈诚岁末祝福）

付出之后心有所得，表现于外就是“德”。

（一九九六年九月三日懿德母姊研习营）

不因他人辱骂而生气，受人夸赞而高兴，叫做“平常心”。

（一九九六年十二月五日晨语）

反观自己，就是要做得让人相信。

（一九九七年五月三日静思生活营）

肯立志，就会向上精进；不肯立志，就是向下堕落。

（一九九七年五月十日北区慈诚）

理想要高远宏观，脚步要落实当下。

（一九九八年五月四日高雄委员慈诚）

建立人格的第一步是“信”。

（一九九八年十一月廿九日北区培训慈诚寻根之旅）

外在的形象，可显现内在的品行。

（一九九八年十二月九日懿德母姊会）

人生的学问无论多高，最重要的是不忘本，能照顾好自己的品格。

（一九九八年十二月廿七日颁发奖学金）

人只有感恩的本分，没有埋怨的权利。

（一九九九年六月廿六日高雄委员精进研习）

要自己快乐，先让别人快乐；要自己成功，先看别人成功。

（一九九九年七月廿一日晨语）

发心立愿，是制造人生幸福的原动力。

（一九九九年九月一日志工早会）

真正受人尊敬的是节与志；做人有章节，不要贪求无厌。

（二〇〇〇年四月五日志工早会）

持戒守规是最可贵的德行。

（二〇〇〇年十二月廿五日晨语）

懂得生活礼仪，就懂得爱自己；自爱的人，才会爱人。

（二〇〇一年五月五日慈诚懿德培训）

发大心、立大愿，身体力行亲身体悟，德才能显现。

（二〇〇一年七月廿二日晨语）

人缘是付出的结果，得到他人的欢喜、信任和佩服。

（二〇〇一年七月三十日晨语）

内心常存仁德，至诚待人，自然得人心。

（二〇〇一年七月三十日晨语）

因贪念而侵夺他人，实则伤害自己的人格。

（二〇〇二年二月三日晨语）

能放下身段，才有伟大的人格。

（二〇〇二年二月十七日志工早会）

道德是本分事，礼仪是做人的规则。

（二〇〇三年一月三日北区授证暨岁末祝福）

物资生活要往下比，人格品德向上提升。

（二〇〇四年四月五日大爱台同仁座谈）

人文是生命的结晶，人格的升华，也是慧命的成长。

（二〇〇四年十一月廿一日慈悲队喜舍组培训）

人性之富，富在有德；品行之贵，贵在重孝。

（二〇〇五年七月廿四日志工早会）

守诚行正，立信笃实。

（二〇〇五年九月十一日志工早会）

人之美，在于德；展现于做好事、说好话、发好心。

（二〇〇六年九月三日志工早会）

有礼的人，人见人欢喜；讲理的人，人见人尊敬。

（二〇〇七年七月廿二日志工早会）

伦理道德是人类的希望，也是幸福的基础。

（二〇〇七年七月廿二日志工早会）

礼者，理也，先知礼，才能识理、懂理。

（二〇〇七年九月廿八日志工早会）

行善要诚，处事要正，做人有信，待人要实。

（二〇〇八年五月廿三日志工早会）

物质可以贫，但是心灵、志气不能贫。

（二〇〇九年三月四日志工早会）

知足少欲藏大富，任劳不悔大愿力。

（二〇〇九年三月十五日志工早会）

礼仪，是在举手投足的方寸中。

（二〇〇九年五月十二日志工早会）

【第十一篇】

涤心净澄

——谈清净

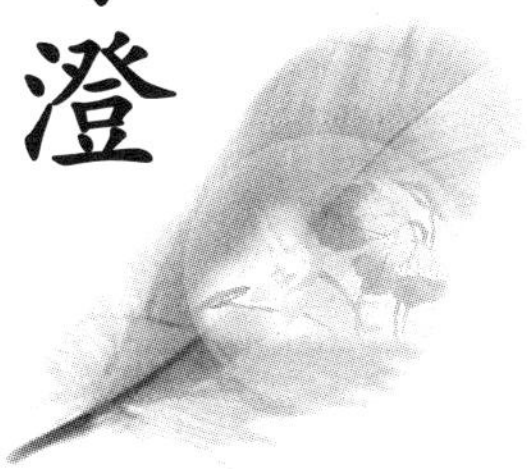

改变自己、净化自己，才能改变别人、净化别人。

(一九九六年一月廿二日北区岁末祝福)

世界需要和平，社会需要祥和，人心需要和气。

(一九九六年七月一日晨语)

信己无私，信人人有爱。

(一九九七年十月十八日静思生活营)

人起一念清净心，合力能化秽土为净土。

（二〇〇九年五月十八日志工早会）

人心自危，是动荡的根源；人人安心，社会才能安定。

（二〇〇〇年十一月廿四日志工早会）

谈“利”要谈天下利；说“爱”要说众生爱。

（二〇〇〇年十二月廿九日北区岁末祝福）

社会乱象，源于人心不知足。

（二〇〇一年一月三十日志工早会）

要净化人心，应先点亮自己的心灯，再做提灯照路人。

（二〇〇一年二月五日教师培训）

净化人心，需用爱心付出、用智慧辅导、用耐心陪伴。

（二〇〇一年六月四日高雄慈诚联谊）

一味地想改变别人，不自我修正，会造成心灵失调。

（二〇〇一年六月三十日志工早会）

将心照顾好，社会祥和；把心安住好，人间有福。

（二〇〇一年七月卅一日志工早会）

忏悔即清净，发愿即有福。

（二〇〇三年一月三日北区授证暨岁末祝福）

清净的生活，从斋戒开始。

（二〇〇三年六月一日志工早会）

用善解过滤是非，让浊流化成清流。

（二〇〇四年五月九日合心和气功能组研习）

舍一分烦恼，能得一分清净；舍一分财物，即得一分轻安。

（二〇〇六年三月八日晨语）

预防天灾的最好方法，就是净化人心。

（二〇〇七年二月十三日志工早会）

保持清净的心，不贪婪，心平静，人则安。

（二〇〇九年一月五日丰原岁末祝福）

真诚地表达无私的爱，可以净化一切。

（二〇〇九年二月十八日药师法会）

【第十二篇】

守志循轨

——谈行止

人生不怕错，只怕不改过。

（一九九〇年八月五日花莲精进共修）

凡夫难免有缺点，若能勇于改过，必得完美的人生。

（一九九四年一月廿三日晨语）

改除习气，不与人计较声色，要和自己计较是否精进。

（一九九四年七月十九日委员佛一）

小事善解，大事包容。

（一九九五年一月三日海外慈青）

以天地为教室，每个人、每件事，都是教科书与学习的对象。

（一九九五年三月五日北区教联会）

多一个好习惯，就少一个坏习惯。

（一九九五年八月二日懿德会）

要镜中人笑，照镜的人要先笑。

（一九九五年九月十三日懿德会）

教而学，学而做，做才说。

（一九九五年十二月九日海外教师研习营）

尽本分，得本事。

（一九九六年九月十二日北区委员联谊会）

缩小自己，则海阔天空；扩大自己，则无路可走。

（一九九六年九月廿三日花莲本会同仁）

无所求，则安。

（一九九六年十一月九日培训委员皈依）

心中有清流，行中有和风。

（一九九六年十二月廿二日同仁寻根之旅）

常保自我警惕的心，懂得如何做对的事，人生就不会后悔。

（一九九八年六月十六日志工早会）

双手做好事是利益人群，做错事是害人不利己。

（一九九九年六月廿六日台北环保志工参访）

微笑是最祥和的语言。

（二〇〇二年八月九日文化交流团行前叮咛）

斋是素食，戒是规矩；珍惜自我生命，更要尊重万物生灵。

（二〇〇三年六月一日志工早会）

无论处于任何领域，坚守岗位、向前精进，才能成功。

（二〇〇三年六月八日志工早会）

善尽自我本分，是持戒；毫不保留地付出力量，是布施。

（二〇〇三年六月八日志工早会）

真正的美，在于身形端庄、气质优雅。

（二〇〇四年十一月四日志工早会）

戒慎不恐惧，要戒慎虔诚。

（二〇〇四年十二月三十日北区岁末祝福）

勇于承担，才有改变的机会。

（二〇〇五年七月八日志工早会）

执著与把握不同——执著是为己而争，把握则是当下付出。

（二〇〇五年十月十日志工早会）

心诚、行正，就能受人肯定信任。

（二〇〇五年十二月十七日中区受证暨岁末祝福）

心力若正，毅力就无穷尽。

（二〇〇八年五月八日志工早会）

生命的字典，不要有"难"字；面对困难，要坚定信心努力克服。

（二〇〇八年九月九日晨语）

真诚的微笑与祝福，是安定人心的大力量。

（二〇〇九年二月十三日志工早会）

行正道、走正门，以外在行动表现内心正念。

（二〇〇九年二月廿七日高雄慈济人座谈）

若能心正、念不偏，有定力坚守岗位，则事无不成。

（二〇〇九年三月二日志工早会）

【第十三篇】

红尘自在

——谈处世

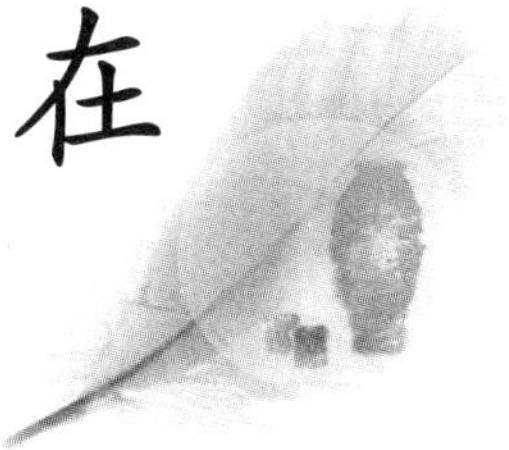

造福人群，就是富有自己。

（一九九四年三月三十日会员参访）

人生纵遇坎坷也要向前走，才会接近目标。

（一九九六年八月廿五日志工早会）

只要有信心，没有做不好的事；只要肯忍耐，没有担不起的重任。

（一九九六年十二月七日静思生活营）

夫妻之间要比谁爱谁，不要比谁怕谁。

（一九九七年三月廿三日教师联谊会）

想快乐生活，需先学做人；学做人，应先懂得如何爱人。

（一九九八年六月十六日志工早会）

时间用过以后有成果，即“够用”；用很多时间却无所得，即“不够用”。

（一九九八年十一月一日同仁营队）

欢喜就不怕艰难；有感恩的心，才能凝聚力量。

（一九九九年十一月七日集集大爱村启用）

一时的灾难，不是一世的落难；提起信心，就能发挥志气与良能。

（一九九九年十月廿二日南区培训委员慈诚）

若要明日平安，就要将今日做好。

（二〇〇〇年二月十日同仁新春团拜）

见人有错，要“尊重的提醒”；受人指正，应“感恩的接受”。

（二○○○年三月四日晨语）

惊世的灾难，要有警世的觉悟。

（二○○一年十月六日同仁人文营）

面对扭曲或责难，要有化杂音为零的功力。

（二○○一年七月一日捐髓小组会议）

知足、感恩，植福因；善解、包容，消旧业。

（二〇〇一年九月十四日志工早会）

要为善合心，不要为善竞争。

（二〇〇一年九月廿二日志工早会）

生死不可怕，怕的是对世事看不开，对己放不下。

（一九九五年六月廿九日高雄分会）

生死大事，能看得开、想得通，就能安然自在。

（一九九七年十月十九日大体捐赠关怀小组研讨会）

人间路坎坷难行，只要甘愿付出，心常欢喜，则不以为苦。

（二〇〇八年八月八日晨语）

游戏人间，烦恼要放下，做事要用心。

（二〇〇二年八月三日慈济大专青年联谊会）

做人要放下身段、缩小自己，如微尘无处不在，发挥纳米般的良能。

（二〇〇四年六月廿一日海外干部研习营）

人和无是非，包容则圆融。

（二〇〇五年三月十七日台北慈院志工座谈）

把握时间，珍惜空间；人与人之间要感恩、尊重、爱。

（二〇〇五年七月七日大专心灵成长营）

人心和，气就和，大地也会平安。

（二〇〇六年五月廿八日草屯联络处）

自卑是自己最大的杀手与敌人。

（二〇〇六年六月廿九日志工早会）

对己知足，对人无争，人与人之间以善念、善行互动，自然平安自在。

（二〇〇六年九月十八日志工早会）

听话要仔细，说话要小心。

（二〇〇六年九月十二日与海外慈济人座谈）

每个人都是道场，每个人生都是一部经藏；为人群付出，就会增长智慧。

（二〇〇六年十一月廿一日志工早会）

有爱则人和；人和就平安。

（二〇〇七年一月廿一日志工早会）

与人相处要合群，但不要随波逐流。

（二〇〇七年九月十三日志工早会）

心和万事兴。

（二〇〇八年一月三十日志工早会）

知足善解常自在，不因是非起烦恼。

（二〇〇八年二月一日晨语）

知足的人，不会贫乏。

（二〇〇八年二月十三日志工早会）

贪欲缩小到零点，爱心扩大遍虚空。

（二〇〇八年五月十五日川缅赈灾会议）

爱惜生命是本分，尊重互爱是福分。

（二〇〇八年六月十日志工早会）

感恩，是世间最美的语言，也是人与人之间最真诚的对待。

（二〇〇八年八月十日志工早会）

与人结好缘，句句话都是法；与人结恶缘，句句话成是非。

（二〇〇八年十月十五日晨语）

用菩萨的智慧，看待家人；用父母的包容，关怀天下人。

（二〇〇九年一月十八日志工早会）

心宽，不伤人；念纯，不伤己。

（二〇〇九年二月十八日北区委员慈诚座谈）

心念无私天地宽，与人相处互为信。

（二〇〇九年三月五日志工早会）

诚正大爱无敌对，信实良知有感恩，慈悲心境宽包容，喜舍无私念纯真。

（二〇〇九年三月十日志工早会）

教之以礼，育之以德；传之以道，导之以正。

（二〇〇九年四月十日志工早会）

【第十四篇】

法水入心

——谈修行

业力不可转，但是缘可造，应广结善缘。

（一九九三年九月廿四日晨语）

祈祷，是归向、反观本性，以显清明自性。

（一九九三年十二月廿五日外宾访谈）

充满爱的付出而没烦恼、很洒脱，是修行的目标。

（一九九六年六月六日志工早会）

不真不实而相信，是迷信；人云亦云，是无知。

（一九九六年十一月十日北区干部）

修行并非比赛，而是练就自己的耐力、定力与宽广的心。

（一九九七年一月一日晨语）

修行不只有耐力，还要耐怨，才会圆满人格。

（一九九七年四月廿五日志工早会）

街头巷尾是道场，好修行。

（一九九八年三月四日北区环保志工）

善缘、恶缘，都在语默动静中；好话让人心开意解，坏话让人心起烦恼。

（一九九八年十一月四日晨语）

无争，并非事事不理，而是与人合心、和气、互爱、协力。

（二〇〇一年一月廿二日静思精舍）

能开启智慧、美化生活，都是善法。

（二〇〇一年二月四日教师培训佛一）

做中学，学中觉，觉中做。

（二〇〇一年六月廿七日志工早会）

从没有杂念、恶意，培养善念，还要进一步——不执著。

（二〇〇一年十一月六日晨语）

合心为善，和气同道，互爱扶持，协力推动。

（二〇〇二年一月廿二日中区委员慈诚受证）

分秒不空过，步步踏实过；善念不间断，好事日日做；妙法时时用，法喜多分享。

（二〇〇二年五月十三日全球慈济人精进佛一）

慈悲需是非分明；道德需有毅力、勇气。

（二〇〇三年八月廿七日志工早会）

“忍而无忍”是真修行；“忍无可忍”而以牙还牙是凡夫。

（二○○三年九月四日中区委员慈诚会议）

过年是“减一岁”，必须把握时间精进。

（二○○四年一月卅一日全省合心组队研习）

守持正法，就没有担忧、惶恐。

（二○○四年五月廿八日北区委员慈诚精进）

修行无他法，在于多用心。

（二〇〇六年一月廿二日晨语）

能将“辛苦”视如“幸福”，就能甘愿而不会累倒。

（二〇〇六年九月廿七日志工早会）

对己，修正行为；对外，付出良能。

（二〇〇七年三月十八日志工早会）

用法度己，智慧成长；再度他人，就是“回自向他”。

（二〇〇八年四月四日中区慈济人座谈）

能接受法，成长慧命；获得回响，就是“回因向果”。

（二〇〇八年四月四日中区慈济人座谈）

法入心，才“有法度”，自度再度人。

（二〇〇九年二月十七日北区和气组队座谈）

以"念纯"自修——心念单纯能自爱；以"心宽"待人——广结善缘心宽阔。

（二〇〇九年三月一日屏东感恩时刻）

【第十五篇】

会理利他

——谈助人

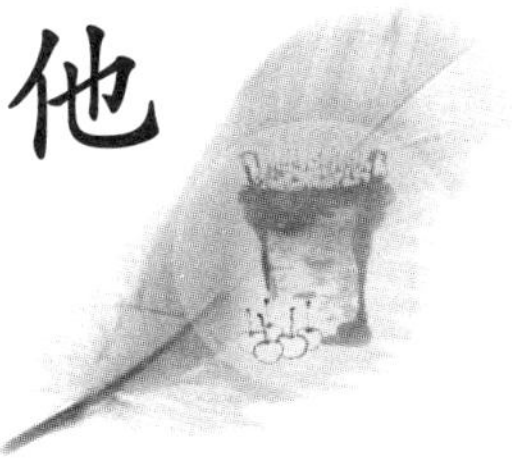

能付出的人生，最快乐也最踏实。

（一九九四年二月廿七日全省联谊会）

奉献付出后的心灵享受，就是净土。

（一九九六年四月廿七日同仁朝山）

付出不在多少，他人能受用，就是最大的爱。

（一九九六年七月二日晨语）

随分随力，涓滴爱心可累积成就大业。

（一九九七年三月十日委员慈诚培训）

做值得付出的事，有欢喜心，就是法喜。

（一九九七年十一月九日培训委员慈诚）

踏实的人生，在于付出爱心、有成就感，而欢喜自在。

（一九九七年十二月廿八日志工早会）

助人的同时，也是净化自己。

（一九九八年四月廿九日外宾访谈）

懂得运用时间利益人群，就是幸福。

（一九九八年十二月廿九日海外慈青受证）

以虔诚的心为人群付出、尽一分力量，功德就很大。

（一九九九年三月七日全省委员联谊会）

人生本应互助，以大爱付出，能感恩接受，都是力量。

（一九九九年七月九日志工早会）

付出一分功能，就有一分慧命成长。

（一九九九年十月廿四日志工早会）

有心要付出，就有无限的能力。

（一九九九年十月廿六日外宾访谈）

人人付出一份爱，能转危机为生机，转祸为福。

（一九九九年十二月廿三日志工早会）

“志工”是将真诚的爱，当作生命的一部分，并身体力行的人。

（二〇〇一年二月十日医事青年成长营）

付出无所求，是最大的成就。

（二〇〇二年十二月三日志工早会）

笑容、柔软、体贴、付出，是爱的表达。

（二〇〇三年一月三日北区岁末祝福）

好人愈多，苦难的人会愈少。

（二〇〇三年四月廿二日与同仁谈话）

助人不仅是美德，也是心灵一大享受。

（二〇〇三年十月十四日志工早会）

能先付出爱心，就能得无数人的爱。

（二〇〇四年一月十七日志工早会）

世间苦难，能启动人的爱心；只要有一分付出，就会有一分感动。

（二〇〇四年二月十三日志工早会）

真诚的爱最动人，无私付出最可贵。

（二〇〇四年三月十三日志工早会）

有苦的人走不过来，有福的人就要走过去。

（二〇〇四年三月十七日志工早会）

有力量帮助他人，是自己的福。

（二〇〇四年六月十八日志工早会）

利用时间体会人生，融会道理，不但能成就自己也能帮助他人。

（二〇〇四年十月十九日同仁人文营）

尊重生命，需把握时间利益人群。

（二〇〇六年三月六日志工早会）

【第十六篇】

一线之隔

——谈善恶

向正路走、做好事，是最恳切的虔诚。

（一九九六年三月二十日慈诚共修）

凡事不知足，就会不满意；不满意，就会有遗憾。

（一九九六年七月四日晨语）

贪求享受的人生，是一片空白。

（一九九八年八月廿六日志工早会）

嫉妒心是无形的利器，伤人又不利己。

（一九九八年七月廿八日晨语）

怨憎，是丑化自己的人生。

（一九九八年七月廿八日晨语）

权势如绳索，捆绑身心，不得自在。

（二〇〇〇年九月十一日晨语）

恶习应及时戒除；忍一时辛苦，能得一世幸福。

（二〇〇〇年十一月十二日静思生活营）

凡事善解，才能化瞋怒为柔和。

（二〇〇〇年十二月二十日晨语）

为自己找借口，就不会进步。

（二〇〇〇年十二月三十日北区岁末祝福）

善念生，就会善解；恶念消，就不会作恶，则灾难自然远离。

（二〇〇二年六月二十日与大爱台同仁座谈）

天灾无法抗拒，善念却能消弭灾难。

（二〇〇二年九月六日委员慈诚）

善念是无限的财富。

（二〇〇三年九月廿六日慈诚懿德会）

一念贪，会造成苦的果。

（二〇〇三年十二月廿九日台中授证暨岁末祝福）

人心贪婪不息，天灾人祸不止。

（二〇〇四年一月十二日志工早会）

力量用对方向，就是亮丽的人生；用错方向，则步步都是陷阱。

（二〇〇四年五月廿四日志工早会）

结合人人的善，才是真正的大善；有大善的力量，才能风调雨顺人人平安。

（二〇〇六年五月廿一日麻豆环保站）

对的事，认真投入；远离不对的事，就能转苦为福。

（二〇〇六年九月九日志工早会）

一念错，则步步皆错；一念善，则事事造福。

（二〇〇六年十一月十日志工早会）

行善者得快乐，造恶者受苦难。

（二〇〇七年九月三日志工早会）

觉者，把握刹那为永恒；迷者，虚度光阴后悔迟。

（二〇〇八年二月九日晨语）

能顺天理，就有福；逆道而行，平安难求。

（二〇〇八年四月十四日志工早会）

为善者，让人感恩；为恶者，令人烦恼。

（二〇〇九年二月十三日志工早会）

当下的心念——好的，应精进；不好的，应去除。

（二〇〇九年四月廿七日志工早会）

【第十七篇】

疼惜大地

——谈环保

保护大地，需从建设人心开始。

（一九九六年九月十一日北区委员联谊会）

山林有生机，人才能安居。

（一九九六年八月廿三日志工早会）

你丢我捡——丢者消福；捡者拾福。

（一九九七年一月十三日北区岁末祝福）

真正的环保，是爱山、爱海，爱惜一切万物。

（一九九七年二月廿三日全省联谊会）

心要清净，做好内外环保——爱惜地球资源，照顾人生资源。

（一九九七年十月二日高雄环保志工）

能放下身段，弯下腰做资源回收，是真正的去我相、灭我执。

（一九九七年十月五日中区环保志工）

资源回收的目的，在于提倡与教育人人懂得惜福。

（一九九七年十二月十四日环保志工寻根）

疼爱大地，就是疼爱众生。

（二〇〇〇年十二月四日中区岁末祝福）

合于自然法则，万物才能相安无事，相生相成。

（二〇〇二年二月十九日与志业主管座谈）

垃圾变黄金，黄金变爱心，爱心化清流，清流绕全球。

（二〇〇二年四月十一日南区环保志工联谊）

希望大地资源不短缺，必须从懂得珍惜开始。

（二〇〇二年六月廿二日志工早会）

做环保的手，是最美的手。

（二〇〇三年十一月三十日中区授证暨岁末祝福）

要救世，就要做环保——心灵环保、社会环保、地球环保。

（二〇〇七年二月十六日志工早会）

人要疼惜自己，也要疼惜大地。

（二〇〇七年三月五日志工早会）

人依止在大地之上，为地球尽一份心，是本分事也是使命。

（二〇〇七年三月十日志工早会）

可用的物资，都是值得珍惜的宝。

（二〇〇七年七月八日志工早会）

素食可让身心健康，又能保护地球。

（二〇〇七年二月廿二日志工早会）

要碳平衡，必须先心平衡。

（二〇〇七年三月廿六日志工早会）

做环保，除了净山、净海、净大地之外，也要净心田。

（二〇〇七年四月廿三日志工早会）

疼惜大地，要从人人的足下起步。

（二〇〇七年五月四日志工早会）

人人心中涌现净水，才能拯救发烧的地球。

（二〇〇七年六月三十日志工早会）

不只爱人，还要爱地球；土地平安，人才能平安。

（二〇〇七年八月九日志工早会）

克己，则能减少碳足迹。

（二〇〇八年一月廿六日花莲岁末祝福）

内在的心灵环保先落实生根，就能做到深度的外在环保。

（二〇〇九年二月十一日志工早会）

造福人间、庇护地球，都需从自己做起。

（二〇〇九年二月十六日志工早会）

【第十八篇】

清淡平实

——谈生活

生活若简朴，人生就幸福。

（一九九六年十一月九日培训委员皈依）

人心平淡，才有平安的福。

（一九九八年三月七日志工早会）

只要有信心与爱心，每天都是健康与平安。

（一九九九年十二月廿七日志工早会）

知足则有福，不知足则招祸。

（二〇〇三年八月廿五日晨语）

人若不知福、不懂得感恩，只是多消福。

（二〇〇三年十一月廿九日中区授证暨岁末祝福）

天天苦恼不够、不足，是富有的穷人。

（二〇〇四年九月廿九日国际慈济人医会）

如果人人能节省、惜福，贫穷就不存在。

（二〇〇五年十二月十三日环保志工）

身勤则富，少欲不贫。

（二〇〇六年一月八日志工早会）

克己则安，放纵则危。

（二〇〇七年四月十三日志工早会）

懂得克勤，就不会堕落；懂得克俭，就是有福人生。

（二〇〇八年二月二日第十三届慈青薪传营）

简朴的人生是美德。

（二〇〇八年三月十六日志工早会）

凡事因贪而贫，去贪就简，克己勤俭即能兴家。

（二〇〇八年十月十七日志工早会）

能过清淡生活，最知足；有余力帮助他人，最富有。

（二○○八年十月廿一日志工早会）

金融风暴不可怕，可怕的是心灵风暴；景气不好不必惊慌，怕的是人心不安。

（二○○八年十二月廿九日人文志业主管座谈）

不景气时，应自我教育去除贪婪、克勤固本，才能保安康。

（二○○九年一月二十日志工早会）

莫轻视小钱，积少成多能大用；勿养成挥霍，固本朴实顾元气。

（二〇〇九年一月二十日志工早会）

用感恩心疼惜大地万物，生活简单就无缺。

（二〇〇九年二月八日志工早会）

清清淡淡地生活，自然就平平安安。

（二〇〇九年二月廿七日高雄慈济人座谈）